V

15029

RAPPORT

DE LA COMMISSION

CHARGÉE

DE LA RECHERCHE DU PROCÉDÉ

DE FEU BACHELIER,

POUR LA COMPOSITION

D'UN BADIGEON CONSERVATEUR.

RAPPORT

FAIT

AU NOM D'UNE COMMISSION

Composée de MM. Berthollet, Chaptal, Vauquelin, Le Breton, Vincent et Guyton-Morveau,

Chargée de la recherche du procédé de feu Bachelier, pour la composition d'un Badigeon conservateur,

PAR M. GUYTON-MORVEAU, rapporteur.

~~~~~~~~~~~~~~~~~

Ce fut en 1755 que M. Bachelier, frappé de la prompte altération de la pierre employée à la construction des plus grands édifices à Paris, et des inconvéniens de l'opération pratiquée pour en renouveller de temps en temps
~~~~~~~~~~~~~~~~~

la surface, proposa à l'Intendant des bâtimens de la Couronne l'essai d'un badigeon conservateur.

Trois colonnes, dans la cour du Louvre, furent enduites de ce badigeon à moitié de leur hauteur, deux à l'exposition du midi, la troisième à l'ouest. Elles se faisoient encore remarquer au mois de juillet de l'année dernière, par le ton de couleur uniforme qu'elles avoient reçu, et qui tranchoit fortement avec le gris obscur et l'aspect terreux des parties voisines.

Dès le 22 juin 1807, la Classe des Sciences physiques et mathématiques, sur l'observation faite par l'un de ses membres, que par suite des opérations ordonnées pour l'achèvement du Louvre, les traces de l'épreuve de ce badigeon ne pouvoient manquer de disparoître, et qu'il pouvoit être de quelque importance d'en constater auparavant les résultats et d'en rechercher les procédés, nomma une Commission pour s'occuper de cet objet de concert avec la Classe des Beaux Arts.

Cette proposition fut renouvellée à la séance de la Classe des Sciences physiques du 25 mai 1808, sur l'avis qui lui fut donné que l'on dressoit les échafauds devant les façades dont ces colonnes faisoient partie. C'est à cette occasion que je fus adjoint à la Commission, composée de MM. Berthollet, Chaptal et Vauquelin. L'arrêté ayant été communiqué à la Classe des Beaux Arts, elle a nommé MM. Le Breton et Vincent.

L'attention des commissaires devoit se porter d'abord sur l'état dans lequel se trouvoient ces trois colonnes : ils les ont examinées avec M. Fontaine, architecte du palais du Louvre, qui leur en a facilité les moyens. Ils se sont assurés que le badigeon qui y avoit été posé ne formoit pas une couche dont l'épaisseur pût altérer le fini des sculptures les plus recherchées ; qu'il s'étoit partout conservé d'un ton de couleur uniforme, même dans les parties exposées à l'action des vents, de la pluie et du soleil ; que le frottement de la main n'y faisoit aucune impression ; enfin, que si l'une des trois colonnes présentoit une nuance d'un jaune rougeâtre, son égalité sous tous les aspects ne permettoit pas de douter qu'elle étoit due à un ingrédient colorant ajouté à dessein lors de la pose.

Le résultat de cette visite engagea les commissaires à faire toutes les démarches qui pouvoient leur procurer quelques renseignemens sur la composition de ce badigeon. L'opinion s'étoit répandue que Bachelier en avoit déposé la recette sous cachet au secrétariat de l'Académie royale d'architecture : la recherche en a été faite sans succès au bureau des bâtimens civils de S. Exc. le ministre de l'Intérieur.

Il ne restoit plus à la Commission qu'à solliciter de M. Bachelier fils la communication des faits qui pouvoient être de sa connoissance ou dont il pourroit trouver des traces dans les papiers de M. son père. Elle n'a point été trompée dans l'espérance qu'elle avoit conçue que le desir de contribuer à la conservation d'un procédé aussi important, et de réunir l'honneur de sa découverte aux titres nombreux acquis par feu Bachelier à l'estime de tous les amis des beaux arts, le détermineroit à ré-

pondre à sa demande. En effet, dans la lettre qu'il lui
a adressée le 4 juillet de l'année dernière, après lui
avoir témoigné ses regrets de n'avoir rien trouvé dans
les papiers de feu son père, il lui fit part de tout ce que
sa mémoire put lui fournir sur ce sujet, et dont voici
l'extrait :

« La poudre tamisée des *écailles d'huître*, préalable-
» ment lavées et calcinées au blanc, mêlée à la partie
» butireuse et caséeuse du lait, forme la base de ce ba-
» digeon. Mon père faisoit usage du fromage commun
» connu sous le nom de *fromage à la pie*; il en séparoit
» d'abord par l'expression toute la partie séreuse, et
» l'abandonnoit ensuite quelque temps à l'air, pour le
» laisser couler ou se ramollir. Dans cet état il y mêloit
» une quantité de poudre fine d'écailles d'huître calci-
» nées. Lorsqu'on broyoit ce mélange sur une pierre,
» le fromage se ramollissoit et formoit une pâte liquide
» très-unie et blanchâtre. Pour former le badigeon, on
» la délayoit dans une quantité d'*eau chargée d'alun* :
» le volume d'eau étoit proportionné à l'épaisseur de la
» couche que l'on vouloit appliquer. »

M. Bachelier n'a pu au surplus indiquer les quantités
exactes des ingrédiens; il ajoute seulement que feu son
père ayant imaginé de faire servir cette composition non
délayée à couvrir des feuilles de papier sur lesquelles
l'écriture s'effaçoit aisément avec une éponge mouillée,
il avoit remarqué que la dose d'écailles d'huître qu'il
employoit dans cette préparation étoit presque arbitraire,
et qu'il en mettoit dans le fromage jusqu'à ce qu'il eût

(5)

acquis une consistance de pâte susceptible d'être étendue
sur le papier.

La commission obtint enfin de la complaisance de
M. Bachelier quelques feuilles du papier couvert de cette
pâte , dans la vue de trouver dans sa décomposition la
nature et les proportions des ingrédiens qui paroissoient
devoir être les mêmes que ceux du badigeon.

L'examen de cet enduit eut bientôt détruit cette espérance ; la quantité d'*oxide de plomb* qu'il contenoit et
qui se manifestoit sur le champ par la couleur noire très-
foncée que lui donnoit l'hydrosulfure de potasse, ne permettoit plus de le considérer comme étant de même composition que le badigeon , dans lequel , jusques-là , rien
n'avoit fait soupçonner la présence de ce métal.

Il ne restoit plus qu'un moyen d'acquérir quelques lumières sur ses vraies parties constituantes ; c'étoit de sou-
mettre à l'analyse la matière même qui devoit être enlevée
sur les parties de colonnes couvertes par le procédé de
M. Bachelier , et dont la surface alloit être renouvellée
par l'opération du *graitage*. M. Fontaine, à qui nous en
fîmes la demande, nous a fait remettre tout ce qui a pu
en être détaché, qui n'étoit pas en quantité suffisante
pour multiplier les opérations (1) ; l'essai analytique
en a été fait par M. Vauquelin : voici le résultat de
son travail.

---

(1) Ce qui reste de cette matière se trouve sous le N° 1 des échantillons
joints au Rapport.

Examen de la matière grattée sur les colonnes de la cour du Louvre, badigeonnées suivant le procédé de feu Bachelier.

Cent parties chauffées doucement avec le contact de l'air, ont perdu 20 pour cent de leur poids ; perte qui ne peut être due qu'à l'eau et à la décomposition d'une matière organique.

Cette matière s'est colorée par cette opération, en brunâtre.

Cette matière ainsi desséchée, s'est dissoute pour la plus grande partie avec effervescence dans l'acide muriatique. Ce qui n'a pas été dissous étoit de la silice et formoit deux parties.

La dissolution muriatique étendue d'eau et précipitée par l'oxalate d'ammoniaque, a fourni 100 parties d'oxalate de chaux ; ce qui équivaut à 40 parties de chaux.

La liqueur de laquelle la chaux avoit été ainsi précipitée, a donné par l'ammoniaque 6 parties d'oxide de fer mêlé d'oxide de plomb. La même liqueur a donné ensuite, avec le nitrate de barite, 14. 33 de sulfate de barite sec ; qui indiquent environ 4. 6 d'acide sulfurique sec. Cette quantité, en la supposant unie à la chaux dans le badigeon, devoit y former, d'après les proportions connues du sulfate de chaux, 7. 73 de ce sel.

Si, sur les 40 parties de chaux, il y en a 3. 13 combinées à l'acide sulfurique, il en reste 36. 87 unies à l'acide carbonique, avec lequel elles forment 69 de carbonate de chaux.

Mais ayant dissous 100 parties de badigeon dans l'acide muriatique , et versé dans cette dissolution filtrée , de l'alcool à 36 degrés , on a eu un précipité qui formoit 6 parties , et qui a été reconnu pour du muriate de plomb pur.

Le plomb étoit , suivant toute apparence , combiné à l'acide carbonique dans le badigeon , et on peut estimer que les six parties dont on vient de parler , pouvoient former la même quantité de carbonate de plomb. D'où il suit qu'il faut retrancher ces six parties sur le carbonate de chaux.

D'après cela , la matière enlevée sur les colonnes badigeonnées est composée sur cent parties ; savoir :

1°. De carbonate de chaux 63
2°. De sulfate de chaux 7.73
3°. De carbonate de plomb 6
4°. D'oxide de fer, *environ* 4
5°. De silice 2
6°. D'eau 20
7°. De matière organique , *quantité indéterminée.*

$$\overline{}$$
102.73

Les 2.73 qui se trouvent ici en plus proviennent ou de ce que les produits de cette analyse n'ont pas été desséchés au même degré , ou de ce que pendant la calcination il s'est échappé un peu d'acide carbonique.

On a cherché dans cette matière la présence d'une substance animale ; mais il n'a pas été possible d'en séparer la moindre partie. L'odeur qu'elle exhale par la calcination n'est nullement semblable à celle des matières animales, elle a au contraire le piquant et l'âcreté des substances végétales.

Cependant cette matière, soumise au feu dans une cornue, a donné une liqueur claire et presque sans couleur, de laquelle la potasse a développé une vapeur très-ammoniacale.

Cette ammoniaque annonce que l'on a fait entrer une substance animale dans la composition du badigeon ; mais il paroît qu'avec le temps elle s'est décomposée et n'a laissé qu'un sel ammoniacal.

Cependant la couleur brunâtre que prend au feu la matière qui fait le sujet de cette analyse, prouve qu'il y existe encore quelque reste de substance animale, mais altérée dans sa nature première, puisqu'elle ne répand plus l'odeur propre à ces substances, et qu'elle ne produit pas d'huile en quantité sensible.

Cette matière enfin n'a pas donné une quantité appréciable d'alumine ; ce qui peut faire penser qu'il n'est point entré d'alun dans la composition du badigeon.

Cette analyse, dans laquelle notre confrère a suivi la marche savante et rigoureuse qui lui a dévoilé tant de combinaisons, ne laisseroit rien à desirer s'il avoit pu opérer sur la composition même du badigeon ; mais il n'a eu à sa disposition que la matière enlevée sur la pierre qui en avoit été couverte : et indépendamment de ce que la plupart de ses ingrédiens y ont été manifestement portés dans un état différent de celui dans lequel ils ont été trouvés, plusieurs considérations paroissent devoir suspendre ou du moins modifier la conclusion que l'on en pourroit tirer.

La première qui se présente naturellement est la différence de la composition indiquée par ces résultats, et de celle qui seroit exécutée d'après les renseignemens contenus dans la lettre de M. Bachelier. En effet, on auroit dans *l'une* l'oxide de plomb en quantité sensible, et point d'alun ; dans *l'autre*, point de plomb et la dissolution d'alun comme délayant essentiel.

Si l'on se rappelle maintenant que M. Bachelier annonce dans sa lettre que le papier préparé par son père pour recevoir successivement plusieurs écritures, étoit couvert *avec la composition non délayée du badigeon*, et toujours sans faire mention du plomb, la présence de ce métal, que l'on démontre instantanément en touchant avec un hydrosulfure, soit le papier badigeonné, soit la raclure des colonnes du Louvre (1), établit à cet égard entre l'une et l'autre préparation une conformité qui, en même temps qu'elle a assuré notre jugement sur un des points les plus essentiels, nous a fait espérer de nouvelles lumières d'un examen plus attentif de cet enduit du papier, qui à la différence de celui qu'on enlève sur la pierre, en est séparé plus pur, ou du moins sans mélange d'autant de matières étrangères.

Une feuille de ce papier, de 26 centimètres sur 19, c'est-à-dire de 494 centimètres carrés, pesant 11.49 grammes, ayant été tenue pendant quatre heures dans

______

(1) Voyez les Nᵒˢ 3 et 4 des échantillons joints au Rapport.

l'eau chaude, puis complètement séchée à l'air, on en a détaché par froissement répété 6.46 grammes de lamelles d'un blanc jaunâtre. Le papier, qui n'avoit pas moins de 0.18 millimètres d'épaisseur avant cette opération, étoit réduit à 0.10 : sa surface paroissoit intacte et parfaitement découverte ; cependant il étoit encore sensiblement noirci par l'hydrogène sulfuré, ce qui peut faire juger à quel point cet enduit prend corps avec le papier (1).

La matière ainsi détachée du papier, calcinée en vaisseau ouvert, a perdu 0.18234 de son poids.

Elle s'est dissoute avec effervescence dans l'acide muriatique.

Le prussiate de potasse a donné à cette dissolution une foible couleur verte qui a passé lentement au bleu.

L'hydrosulfure de potasse a rendu la liqueur noire, et il s'en est séparé à la longue une matière blanche.

Cent parties de cet enduit, précipitées de leur dissolution par l'oxalate d'ammoniaque ont indiqué la présence de 49.738 de chaux.

L'addition du muriate de barite dans cette dissolution, l'a rendue sur-le-champ laiteuse. Le précipité, séché au rouge dans le creuset de platine, pesoit 32.29, et annonçoit par conséquent 10.43 d'acide sulfurique porté originairement en état de combinaison avec une portion de la chaux.

La même matière, traitée avec l'acide muriatique dans

____

(1) Voyez le N° 5 des pièces jointes au Rapport.

une cornue, y a laissé des taches d'un jaune brunâtre,
de consistance huileuse, qui ne se sont point mêlées à
l'eau, même à l'aide de la chaleur. Cette eau distillée
à siccité exhaloit une très-forte odeur empyreumatique,
et l'addition du carbonate de potasse en a dégagé une
foible odeur ammoniacale.

Si l'on fait abstraction de l'acide carbonique que la
chaux a pu recevoir avec le temps, et qui, dans l'enduit
du papier, ne va pas tout-à-fait à moitié de celui que
donne la chaux complètement carbonatée, on peut conclure de ces résultats à très-peu près la composition sui-
vante de la pâte employée par feu Bachelier, soit pour
couvrir le papier, soit pour badigeonner la pierre, après
avoir été délayée dans une plus grande quantité d'eau.

	Chaux vive	56.66
Substances sèches.	Plâtre cuit	23.34
	Céruse ou carbonate de plomb	20.00

100.00

Nous ne parlons que de chaux vive, quoique la lettre
de M. Bachelier fils indique spécialement la chaux d'é-
cailles d'huître, parce que cette préférence, qui augmen-
teroit infailliblement la dépense, n'auroit d'autre fon-
dement que les vertus que lui attribuoient les anciennes
pharmacopées, la calcination devant être portée au point
de détruire la matière organique. Le peu de muriate qui
pourroit y rester seroit sûrement plus nuisible qu'utile
dans cette composition; c'est ce que l'on n'a pas à craindre

des foibles quantités de terres étrangères ou d'oxide de fer que peuvent tenir accidentellement la chaux faite avec la pierre calcaire et le plâtre cuit.

On remarquera sans doute que les proportions que je viens d'indiquer ne coïncident pas entièrement avec celles que donnent les résultats de l'analyse de M. Vauquelin, et d'où il faudroit conclure la dose de chaux à 71 pour cent ; mais, pour rendre raison de cette différence, il suffit de rappeler que c'est sur la raclure des colonnes qu'il a opéré, et l'on conçoit qu'il est impossible que le badigeon en ait été séparé pur, sans mélange de la pierre sur laquelle il étoit fixé. Peut-être même est-ce en partie à cette matière étrangère qu'appartenoient le fer et la silice qu'il en a retirés ; au lieu que dans l'enduit du papier il n'a pu se trouver que ce qui y a été réellement porté, soit par le plâtre, soit par la chaux. Les essais dont je parlerai bientôt pour l'imitation de ce badigeon viendront à l'appui de cette conjecture.

Quant à la substance employée par Bachelier pour réduire en pâte ces ingrédiens, l'analyse y découvre bien le caractère organique, mais elle ne donne pas les moyens d'en déterminer l'espèce. Heureusement la manière dont M. son fils s'est expliqué sur ce point étoit trop précise pour qu'il fût permis de penser qu'il n'en avoit pas eu une connoissance parfaite ou qu'il n'en eût pas conservé fidèlement le souvenir : elle a fixé nos idées sur la *partie caséeuse du lait*, et nous avons d'autant moins hésité à la considérer comme le vrai mordant propre à fixer cette composition, que des expériences de M. d'Arcet, publiées il y a neuf ans, en avoient déjà fourni les preuves (1).

Nous croyons donc pouvoir dire que la composition du badigeon conservateur de feu Bachelier est présentement assez connue pour que l'on puisse se flatter de l'employer avec le même succès; car il ne manque réellement que la détermination de la dose de la substance qui sert de mordant, c'est-à-dire de ce qui ne peut être déterminé que par le tâtonnement, et même qui doit varier, soit à raison de la consistance plus ou moins molle du fromage que l'on emploie, soit de l'épaisseur que l'on se propose de donner à la couche.

Il y aura sans doute un apprentissage à faire avant d'acquérir la pratique de cette manipulation; mais ce seroit une erreur de penser qu'il fallût encore une épreuve d'un demi-siècle pour donner à ce procédé une pleine confiance. Le temps, qui est le vrai juge de la durée, a prononcé sur la solidité de ce badigeon; les témoignages en sont encore existans et irrécusables. Il ne seroit pas difficile cependant de l'apprécier d'avance, en indiquant les causes de la détérioration progressive des plus beaux édifices de cette capitale, en recherchant avec soin quels sont les moyens les plus propres à les garantir de cette rapide destruction, et déterminant ri-

---

(1) *Décade philosophique*, an X, n° V. M. d'Arcet paroît regretter de n'avoir pu se procurer une brochure intitulée : *L'Art de peindre au fromage ou en ramekin;* mais on voit par ce qu'en dit Pernety dans son *Dictionnaire de peinture*, que ce pamphlet étoit absolument étranger au procédé du badigeon, et avoit uniquement pour objet la peinture au savon de cire.

goureusement toutes les conditions à remplir pour atteindre ce but. On ne regardera pas sans doute comme
étrangère à l'objet de la commission la solution du pro-
blème ainsi réduit à ses véritables termes.

La pierre calcaire dure, à grains fins, susceptible d'un
poli plus ou moins parfait, n'est point sujette à cette
altération ; il faut donc en chercher la cause dans la
nature de la pierre dont les murs de face sont construits,
qui est un assemblage peu compacte, d'une texture lâche
et inégale, rempli de cavités, et dans lequel l'analyse
démontre jusqu'à 10 et 12 pour 100 de silice, et souvent
3 et 4 d'oxide de fer. Pour juger à quel point les carrières des environs de Paris présentent à cet égard de
différence, il suffit de jeter les yeux sur les tables de
M. Rondelet, où l'on voit, par exemple, que ce qu'on
appelle le *grignard* de Passy, a une pesanteur spécifique
de 2.462, et supporte une charge de près de 6750 kilogrammes, tandis que la *lambourde* de Saint-Germain
n'a que 1.560 de pesanteur spécifique, et s'écrase sous
un poids de 921 kilogrammes (1).

Il n'est pas étonnant que la petite araignée de l'espèce
appelée *sénocle* (*Aranea senoculata*, Linn.), araignée
des caves de Geoffroy (2), trouve à la surface de cette

____

(1) *Traité de l'art de bâtir*, t. I, p. 208, n° 20, et p. 211, n° 167.
Aussi leurs prix sont-ils dans le rapport de 26 à 10.

(2) Elle est gravée et exactement décrite dans les *Mémoires sur les insectes*,
de De Geer, t. VII, p. 258 et pl. XV, fig. 5. M. Latreille, que j'ai consulté
à ce sujet, m'a dit avoir reconnu les mêmes habitudes dans l'espèce nommée

(15).

pierre un gîte commode pour s'abriter, déposer ses œufs
et tendre les filets dans lesquels elle attend sa proie.
Sa toile s'étend circulairement autour de la cavité qui
lui sert de retraite, et forme des taches rondes de 3 à 4
centimètres de rayon. Il n'y a pas trente ans que l'hôtel
des Monnoies a été construit, et j'ai compté jusqu'à
soixante-huit de ces taches d'un gris-noir sur une des
colonnes du vestibule au-devant de l'entrée du mon-
noyage. On en aperçoit de semblables, non seulement
sur la pierre, mais aussi sur les revêtemens extérieurs
de plâtre, sur les murs couverts de badigeon commun.
C'est particulièrement dans les joints, les refends, les
angles rentrans, que cet insecte commence à s'établir.
J'en ai vu plusieurs sur des murs dont le badigeon avoit
été recouvert depuis moins de sept ans.

Telle est infailliblement la première cause de l'altération des façades de ces édifices. Indépendamment de
ce que les taches se multipliant finissent par former
une couche continue, la matière dont elles sont com-
posées sert à fixer à la fois les débris de ces insectes,
les restes de ceux qu'ils dévorent, et les poussières qui
s'élèvent par les vents ; de sorte que les *lichens* ne tardent
pas à y prendre racine. On peut juger de la rapidité
avec laquelle se forment ces amas, par ceux qui ont été

---

par Lister *Aranea atrox*, également décrite par De Geer, p. 255, pl. XIV,
fig. 24, et dont la fécondité est telle que ce naturaliste a vu plus de cent
œufs dans l'ovaire d'une femelle de cette espèce. Dans le grand nombre de
ces araignées que j'ai examinées, il ne s'en est point trouvé qui eût 4 millimètres de l'extrémité de la tête à celle du ventre.

enlevés en moins de demi-heure sur l'une des colonnes de l'hôtel des Monnoies dont j'ai parlé, et qui ont été renfermés, avec les araignées qui s'y sont trouvées, dans le poudrier que je mets sous les yeux de l'Institut.

Si l'on demande maintenant quel peut être le moyen préservatif de ces dégradations, la réponse est facile : *Une composition qui résiste à l'eau, assez adhérente à la pierre pour ne pas s'écailler, assez consistante pour en boucher exactement les pores, assez liquide pour s'étendre en forme de lavis et glacer pour ainsi dire également toutes les parties saillantes et rentrantes, sans faire épaisseur dans les angles et sans amortir les ressauts, qui donne enfin à cet aggrégat de grains grossiers la surface lisse des pierres polissables dans lesquelles il paroît que les insectes que nous avons décrits ne peuvent se nicher :* voilà ce que nous pensons que l'on peut se promettre du badigeon de M. Bachelier.

Je crois devoir faire observer en passant que, dans l'état actuel de nos connoissances en chimie, il ne seroit pas impossible d'indiquer d'autres moyens propres à remplir toutes ces conditions. On sait, par exemple, que le *phosphate de chaux* est une des combinaisons les plus fixes ; il suffiroit donc de passer sur la pierre un lavis, soit avec l'*acide phosphorique* plus ou moins délayé, soit avec les *phosphates* de chaux, de plomb, de magnésie, etc. tenus en dissolution dans l'excès de leur acide, pour lui donner une sorte de couverte qui la rendroit aussi inaltérable que la pierre de Logozan dans l'Estramadure. Il est également connu que *le sulfate de barite* résiste à tous les agens par la voie humide , et l'on parviendroit infailliblement à revêtir la pierre de ce sel terreux , en l'impregnant d'abord d'une dissolution de sulfate de fer , de zinc , de magnésie , d'alumine , etc. et y passant immédiatement de l'eau de barite (1). L'insolubilité des *oxalates et tartrates de chaux*, et l'adhérence qu'ils contractent en se déposant même sur des corps polis , indiquent encore des procédés de lavis non moins solides et remplissant le même objet, en ce que les acides ajoutés à ces sels , pour les rendre momentanément solubles , achevant de prendre leurs bases dans la substance même de la pierre , ne pourroient manquer d'en lier tous les grains , d'en remplir les intervalles , d'en fermer absolument les pores. Plusieurs essais entrepris dans la vue d'apprécier cette étiologie , ont confirmé l'espérance d'en faire une heureuse application , en donnant pour résultats , sur la pierre la moins compacte , des surfaces où l'œil ne pouvoit apercevoir aucune trace d'enduit , et que l'on pouvoit frotter avec une pièce de drap noir mouillée , jusqu'à l'user, sans qu'elle en rapportât la moindre tache (2).

---

(1) Un accident a fourni à M. d'Arcet une preuve frappante de la promptitude avec laquelle ces échanges de bases par affinité supérieure peuvent remplir les pores de la pierre la moins compacte. Une capsule contenant de l'eau de strontiane fut renversée dans une fontaine de pierre filtrante, elle n'a plus laissé passer depuis une seule goutte d'eau.

(2) Voyez le N° 7 des pièces jointes au Rapport.

3

Nous ne dissimulerons pas néanmoins que ces prépa-
rations seroient tout autrement dispendieuses que le *badigeon-Bachelier*, et qu'il faudroit tout au plus en réserver
l'usage pour la conservation de quelques parties de reliefs
d'une extrême délicatesse. Revenons donc à cette composition, qui a déjà en sa faveur l'épreuve du temps, et
que nous pouvons dire économique par la comparaison
du peu de dépenses qu'elle exige et de l'énormité de celles
qu'elle doit épargner. Pour qu'il ne reste aucun doute à
cet égard, nous placerons ici le précis de quelques expériences synthétiques qui, en ajoutant aux preuves ana-
lytiques de la découverte du vrai procédé, pourront servir
à guider, surtout dans les commencemens, les ouvriers
chargés de son exécution.

Essais de composition du Badigeon conservateur.

On a fait tailler plusieurs dalles et parallélépipèdes de
pierre des carrières des environs de Paris, de qualité
différente pour la dureté et la pesanteur spécifique ; on
a appliqué sur chacune de leurs faces, des badigeons
composés des divers ingrédiens ci-devant indiqués, et
dans des proportions différentes ; et ces expériences ont
donné lieu aux observations suivantes.

1°. Toutes les compositions, dans lesquelles on a fait
entrer comme délayant de l'eau plus ou moins chargée
d'alun, tachoient les doigts et s'en alloient à l'eau.

2°. Le fromage qui prend le plus de consistance avec
les matières sèches, est celui qui est presque entièrement

séparé des parties butireuse et séreuse. M. d'Arcet, dans le mémoire déjà cité, avoit remarqué qu'elles étoient plus nuisibles qu'utiles, que la peinture au lait ne résistoit pas à l'eau, et que ce qu'on appelle vulgairement *fromage à la pie*, parvenu à l'état de siccité, pouvoit encore être employé, quoiqu'avec moins d'avantage que le fromage frais bien égoutté.

3°. Le simple mélange de ce fromage avec la chaux ne donne qu'une pâte qui adhère foiblement, même à la pierre à gros grains, qui ne s'attache pas au papier.

4°. Le plâtre cuit qui, à petite dose, facilite l'union de la chaux et du fromage, rend la pâte dure et caillebottée, lorsqu'il est porté en plus grande proportion.

5°. Il avoit paru que l'on pourroit admettre dans cette préparation ce que l'on nomme *blanc d'Espagne*, et dont on fait usage dans la peinture d'impression ; mais il a été reconnu que si cette substance terreuse qui, dans un procédé décrit par M. d'Arcet, est portée à vingt fois le poids de la chaux, peut être employée avec succès dans l'intérieur, et avec avantage pour l'économie ; elle feroit couche épaisse et n'auroit pas une aussi forte adhérence à la pierre.

6°. L'addition de très-peu d'ocre ou d'oxide de fer rouge à cette préparation, lui donne à volonté la nuance que l'on desire, sans changer ses propriétés.

Quant à la dose du fromage, nous avons déjà annoncé qu'elle dépendoit le plus souvent de l'état dans lequel on le prenoit, et qu'elle ne pouvoit se déterminer rigoureusement que par la condition de faire pâte molle. Un quart du poids des matières solides paroît être la mesure suffisante d'un fromage fraichement égoutté.

C'est à la suite de ces observations que de nouveaux essais, dirigés plus sûrement, ont donné les résultats que nous mettons sous les yeux de l'Institut (1), et qui ne permettent plus de douter de la possibilité d'atteindre le but proposé. Quelques-uns ont été exposés à la pluie depuis plus de trois mois; et tous, jusqu'au papier couvert de la même composition, ont supporté les lavages et le frottement sans altération ; quelques taches faites à dessein ont été facilement effacées avec une éponge mouillée, et la place rendue à sa première couleur.

On y a employé la chaux blanche de pierre de Melun, le plâtre cuit à l'ordinaire, le carbonate de plomb (céruse du commerce sans mélange terreux), et le caillé connu sous le nom de fromage à la pie, c'est-à-dire nón crêmeux, quelquefois déjà durci par vétusté (2). Les proportions qui ont donné les meilleurs résultats ont été constamment celles qui étoient le plus en accord avec la composition précédemment conclue de nos analyses.

Les procédés de manipulation sont simples et rentrent dans la classe des opérations les plus familières.

Le poids de la chaux vive que l'on veut mettre sur-

____

(1) Nᵒˢ 8 et 9 de la note des produits d'essais.

(2) M. d'Arcet croit qu'en incorporant la chaux avec le fromage, on pourroit en faire préparer des trochisques dans les pays où cette matière est à bas prix. (*Décade philosophique*, an X, nᵒ. 5.) Il suppose nécessairement que ces trochisques seroient mis à l'abri du contact de l'air, pour empêcher la chaux de repasser à l'état de carbonate.

le-champ en œuvre étant déterminé , on l'éteint dans la plus petite quantité d'eau possible , suffisante néanmoins pour la faire passer par un tamis peu serré , afin de séparer les parties qui se seroient refusées à l'extinction.

Cette chaux est broyée avec le fromage en consistance de pâte molle , égale et bien liée.

On y ajoute le plâtre cuit et la céruse , et par un broyement plus exact sur le marbre , avec un peu d'eau , on réduit le tout en une bouillie plutôt épaisse que liquide.

On délaie enfin avec de l'eau commune , au moment de la pose , qui se fait à l'ordinaire , à la brosse ou au pinceau du vernisseur.

Nous terminerons ce rapport par une réflexion qui obtiendra sûrement l'assentiment général : c'est que la pratique ne peut manquer de porter bientôt dans ces procédés une régularité d'exécution et un degré de perfection que nous n'avons pu chercher ni même prévoir dans d'aussi foibles essais.

CONCLUSION.

L'ÉTAT dans lequel se sont maintenus pendant cinquante-trois ans les essais faits par feu Bachelier sur trois colonnes de la cour du Louvre , ne laisse aucun doute que le badigeon dont elles étoient couvertes a la propriété de résister à l'intempérie des saisons ; qu'il porte une teinte uniforme , sans faire épaisseur capable d'altérer le fini des sculptures et des profils ; qu'il empêche la petite araignée de se loger dans les parties creuses de la pierre, et de favoriser par son travail l'accumulation des ordures et la germination des *lichens* qui, avec le temps, donnent aux façades entières un aspect noir terreux.

L'emploi de ce badigeon sera surtout précieux pour défendre les murs construits de pierres de foible pesanteur spécifique, telles que celles qui se débitent à la scie dentée : il produit son effet même sur la pierre filtrante.

Il est susceptible de recevoir une légère teinte qui le rapproche de la couleur naturelle de la pierre polissable.

Son usage paroît devoir dispenser de l'opération dispendieuse du *grattage*, qui laisse les édifices exposés au retour des mêmes inconvéniens, et qui ne peut être renouvellée sans altérer les proportions des ornemens.

La composition de ce badigeon, dont la vraie recette n'étoit pas même conservée dans la famille de l'inventeur, peut être regardée comme suffisamment connue, soit par les résultats d'analyses de la matière enlevée sur les colonnes du Louvre, et de l'enduit du papier préparé par feu Bachelier, et trouvé de même nature, soit par des essais de recomposition donnant absolument les mêmes propriétés.

Il n'entre enfin dans sa préparation aucune substance dont le prix soit assez élevé pour balancer les avantages qui doivent en résulter.

La Commission vous propose en conséquence d'arrêter que ce rapport sera adressé à S. Exc. le Ministre de l'Intérieur, avec invitation de mettre à sa disposition tel édifice ou partie de mur de face qu'il jugera convenable, nouvellement construit de pierre sujette à l'altération dont il s'agit, ou de mur ancien rendu à sa couleur primitive par l'opération du *grattage*, à l'effet d'y appliquer le *badigeon conservateur*, et de déterminer ainsi, par une expérience en grand, les conditions de sa préparation, les procédés pour la mettre en œuvre, et le prix auquel il reviendra.

Fait à l'Institut le 9 octobre 1809.

Signé, BERTHOLLET, CHAPTAL, VAUQUELIN, Joachim LE BRETON, VINCENT; GUYTON-MORVEAU, rapporteur.

ADDITION

AU

RAPPORT SUR LE BADIGEON CONSERVATEUR,

PAR M. GUYTON-MORVEAU.

L E Rapport de la Commission sur le Badigeon conservateur , approuvé à la dernière séance, a donné à
M. Deyeux l'occasion de rappeler l'extrait qu'il avoit
fait insérer dans les Annales de chimie de ventose an XI ,
d'une lettre dans laquelle le docteur Carbonell lui avoit
annoncé qu'en employant le *serum* du sang de bœuf, on
pouvoit obtenir une peinture de couleur de pierre , qui
résistoit aux intempéries de l'air , et qui avoit parfaitement réussi en Espagne.

Quoique le médecin espagnol ait moins eu en vue de
prévenir la dégradation des façades en pierre de taille ,
que de donner aux bois et aux murs enduits la couleur
de pierre , son procédé a un rapport trop direct avec celui
qui a fait l'objet des recherches de la commission , pour

qu'on puisse se dispenser d'examiner s'il pourroit y être appliqué avec avantage.

C'est ce qui m'a déterminé à faire les expériences dont je vais présenter les résultats.

Le *serum* du sang de bœuf, décanté immédiatement après la formation du caillot, c'est-à-dire, trois ou quatre heures après que le sang a été recueilli, ainsi que le recommande M. Carbonell, appliqué seul sur la pierre tendre, lui donne un ton jaunâtre. Il résiste à l'eau, lorsqu'il est bien sec.

Il n'adhère pas à la pierre dure.

Le *serum* broyé avec la craie, tache les doigts, et s'en va à l'eau.

Il en est de même du *serum* broyé avec le blanc de Meudon.

Si l'on passe sur la pierre tendre une couche de ce *serum*, et, avant qu'il soit sec, un lait de chaux un peu épais, il reste une couleur blanche qui couvre foiblement, mais qui résiste à l'eau.

Le *serum* broyé avec la chaux vive, fondue et passée au tamis suivant le procédé décrit par l'auteur, forme une pâte qui, étendue du même mordant et posée sur-le-champ, couvre la pierre assez également et lui donne une couleur plus ou moins jaunâtre, suivant qu'il reste plus ou moins de parties colorantes dans le *serum*. Il faut souvent deux couches (dit l'auteur) et même quelquefois une troisième.

Cette peinture n'est attaquée ni par le frottement ni par le lavage à l'eau.

Appliquée sur le carton, elle ne s'en va pas à l'eau; mais elle est bien moins adhérente que la composition-Bachelier.

M. Carbonell prévient qu'on ne réussit pas à colorer cette composition par les oxides métalliques, même par ceux de plomb et de cuivre; ce qu'on obtient avec les terres jaunes, rouges, vertes, etc. J'ai essayé de substituer le *serum* au fromage dans la composition-Bachelier, et j'ai reconnu que l'adhérence étoit à peu près aussi forte, mais que le lavage à l'eau y laissoit des traces jaunâtres produites par un commencement de désoxidation du plomb.

La fixité de cette peinture dépend de l'état dans lequel on prend le *serum*. Cette matière se corrompt si rapidement qu'il faut l'employer dans le jour, au plus tard dans les vingt-quatre heures, et n'en préparer que ce qui peut être posé de suite. Dès que l'odeur putride se manifeste, on n'obtient qu'une peinture qui se lève en écailles ou qui tombe en poussière.

On voit ainsi que dans les conditions prescrites, le *serum*, quoique donnant un mordant plus difficile à employer et moins solide que le fromage (sans doute à raison de la quantité de gélatine qu'il contient), peut, en s'unissant à la chaux vive, former une pâte qui résiste à l'eau. Cette composition est depuis long-temps en usage à la Chine, comme l'a remarqué M. Dufour (1), puisque dans un ouvrage italien sur les vernis, imprimé

______

(1) *Annales de chimie*, thermidor an XI, t. XLVII, p. 127.

en 1716, on rapporte, d'après le père Bryel, témoin oculaire, qu'avant de vernir le bois, les Chinois y donnent quelquefois une première couche de sang de cochon mêlé avec la chaux vive, qu'ils polissent à la ponce lorsqu'elle est sèche.

Il peut donc se trouver quelques circonstances dans lesquelles cette composition pourroit remplacer, avec un peu moins de dépense, le badigeon-Bachelier ; comme pour couvrir des revêtemens extérieurs de plâtre, où il y a moins d'inconvéniens de porter une couche épaisse ; pour prévenir l'action des pluies sur la brique tendre, et pour lui donner le ton de couleur de la pierre.

C'est dans ces vues que l'on peut en recommander l'essai, et que je crois pouvoir proposer à la Classe d'approuver cette Note, pour être jointe au Rapport de la Commission sur le badigeon conservateur.

Fait à l'Institut le 15 octobre 1809.

Signé, GUYTON-MORVEAU.

NOTE

DES

ÉCHANTILLONS ET PRODUITS D'ESSAIS

JOINTS AU RAPPORT DE LA COMMISSION.

N° 1. Matière grattée sur les colonnes de la cour du Louvre, badigeonnées en 1755.

N° 2. Portion de cette matière touchée par l'hydrogène sulfuré.

N° 3. Papier couvert de la composition du badigeon par feu Bachelier, remis à la Commission par M. son fils.

N° 4. Portion de ce papier noircie par l'hydrosulfure de potasse.

N° 5. Un morceau du même papier complètement dépouillé de son enduit, touché par l'hydrogène sulfuré et par l'hydrosulfure de potasse.

N° 6. Porte-objets dans lesquels sont renfermées des araignées de l'espèce qui occasionne l'altération des murs de face, et un poudrier contenant leurs toiles, avec les poussières et les lichens dont elles sont mêlées.

N° 7. Essais de lavis dont la composition, indiquée par les affinités chimiques, pourroit servir à couvrir la pierre de sels insolubles prenant corps avec elle.

N° 8. Produits d'essais de composition du badigeon-Bachelier, d'après les résultats de l'analyse, appliqués sur des pierres de différente densité.

N° 9. Essais de la même composition sur papier, à la manière de Bachelier.

L A Classe approuve le Rapport et arrête qu'il sera imprimé, envoyé à Son Excellence le Ministre de l'Intérieur, qui sera prié de mettre à la disposition de la Classe une façade ou un mur, pour répéter les expériences du badigeon conservateur.

Certifié conforme à l'original, à Paris, le 18 octobre 1809.

Signé, DELAMBRE, secrétaire perpétuel.

Lu et approuvé par la Classe des Beaux Arts.

Signé, LE BRETON, secrétaire perpétuel.

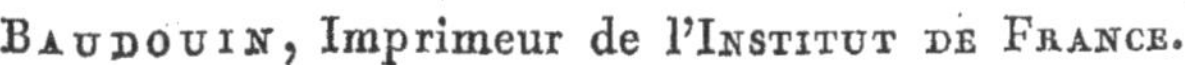

BAUDOUIN, Imprimeur de l'INSTITUT DE FRANCE.

www.ingramcontent.com/pod-product-compliance
Ingram Content Group UK Ltd.
Pitfield, Milton Keynes, MK11 3LW, UK
UKHW021023120726
13693UKWH00005B/2163